10kV JIYIXIA PEIDIANWANGGONGCHENG SHIGONGXIANGMUBU
BIAOZHUNHUA GUANLI SHOUCE

10kV及以下
配电网工程施工项目部

标准化管理手册

国网冀北电力有限公司　编

中国电力出版社
CHINA ELECTRIC POWER PRESS

内 容 提 要

为进一步规范 10kV 及以下配电网工程项目部标准化管理，有效提升配电网工程建设管理水平，国网冀北电力有限公司参考国家、行业及国家电网公司相关标准规范，结合近年来配电网工程建设现状及典型经验，编制了《10kV 及以下配电网工程施工项目部标准化管理手册》。

本手册共 4 章，分别为施工项目部设置、工程前期阶段、工程建设阶段和总结评价阶段。同时，为便于使用，附录部分收录了施工项目部常用标准化管理模板等。

本手册适用于 10kV 及以下配电网工程施工项目部管理。

图书在版编目（CIP）数据

10kV 及以下配电网工程施工项目部标准化管理手册 / 国网冀北电力有限公司编. —北京：中国电力出版社，2017.11
ISBN 978-7-5198-1399-4

Ⅰ．①1… Ⅱ．①国… Ⅲ．①配电系统–电力工程–工程施工–标准化管理–中国–手册 Ⅳ．①TM727-62

中国版本图书馆 CIP 数据核字（2017）第 284397 号

出版发行：中国电力出版社
地　　址：北京市东城区北京站西街 19 号（邮政编码 100005）
网　　址：http://www.cepp.sgcc.com.cn
责任编辑：闫姣姣（010-63412433）
责任校对：马　宁
装帧设计：左　铭
责任印制：邹树群

印　　刷：三河市百盛印装有限公司
版　　次：2017 年 11 月第一版
印　　次：2017 年 11 月北京第一次印刷
开　　本：880 毫米×1230 毫米　32 开本
印　　张：3.5
字　　数：70 千字
印　　数：0001—2000 册
定　　价：19.00 元

《10kV 及以下配电网工程施工项目部标准化管理手册》

编 委 会

主　任	于德明				
副主任	覃朝云	朱晓岭	薛文祥	梁　东	吕志瑞
	刘亚新				
委　员	杨　静	王书渊	曲　雷	朱长荣	张国忠
	李文琦	战秀河	杨屹东	李　钢	赵雪松

主　编	覃朝云				
副主编	朱晓岭	杨　静	梁　东		
编　写	王书渊	张翼鸣	张　建	潘　宇	龙　飞
	阎　帅	李耐心	熊雁峰	孙永峰	张永茂
	赵铁军	李文军	宋新利	魏铁军	袁　力
	周颖彬	蔡　巍	龙凯华	周　磊	刘　坤
	宗　瑾	路　峰	王庆杰	蔡守均	李　鹏
	史可敬	郭明辉	马　赫	刘丽君	陈　博
	王桂平	李　刚	董　桐	张吉飞	李　鑫
	李海雨	王　琦	尹树刚	徐景升	国　芳
	崔绍华	罗向阳	黄小龙		

编制说明

　　为规范 10kV 及以下配电网工程建设管理行为，统一施工管理工作模式，提升配电网工程建设管理水平，实现施工项目部标准化管理目的，国网冀北电力有限公司（简称公司）特编制本手册。

　　本手册依据国家现行法律法规，以及国家、行业和国家电网公司规程规范，结合国家电网公司管理通用制度，在总结公司系统施工项目部标准化建设及运作经验的基础上编制而成。

　　本手册根据 10kV 配电网工程建设特点，按照管理内容简单实用、工作流程易于操作的原则进行编制。主要体现在以下九个方面：一是手册正文按照工程前期、工程建设、总结评价三个阶段描述工作内容，将项目管理、安全管理、质量管理、造价管理、技术管理等工作贯穿其中，将各阶段应产生和收集的管理资料以清单形式列出，方便管理者使用；二是按照配电网建设工程进行编制，整合了配电网和线路专业通用管理工作内容，对两个专业不同的内容分别进行描述，便于工程综合管控；三是管理资源按照工程实际需要合理配置，精简了项目部人员配备，适当放宽了上岗条件，统一和简化了项目部上墙图牌；四是简化了项目管理策划和审批流程，安全管理及风险控制方案、质量通病防治措施等不独立编制，其内容全部纳入项目管理实施规划相应章节中，一并报审；五是整合了总结内容，将标准工艺应用总结、质量通病防治工作总结合并到施工总结中；六是简化了管理审批流程，主体工程的各单位工程及分部工程不单独报审，实行主体工程开工一次性报审；七是将月度例会与业主项目部、监理项目部的月度例会合并召开，施工月报不单独编制，内容并入到监理项目部形成的月度例会会议纪要中；八是精简了数码照片采集和建设标准强制性条文管理性资料，数码照片仅要求对隐蔽工程、关键工序和亮点照片的采集、整理，强制性条文执行计划和执行记录表不要求重复性填写；九是流动红旗竞赛、交叉互检、安全管理评价和安全风险动态管理等工作不作硬性规定。

本手册正文主要包括以下四个方面内容：

（1）施工项目部设置。明确了施工项目部组建和施工项目部及岗位工作职责。

（2）工程前期阶段。明确了施工合同交底、项目管理策划、管理体系建立、标准化开工管理内容。

（3）工程建设阶段。明确了项目管理、安全管理、质量管理、造价管理、技术管理五个专业的主要工作内容与方法、管理流程。

（4）总结评价阶段。明确了工程总结、资料归档、工程结算、工程创优、质量保修的相关工作内容。

本手册还对配电网建设相关名词术语进行了统一解释（见附录A），详细收录了施工项目部设计变更管理流程图（见附录B）、施工项目部标准化管理模板（见附录C）、10kV及以下配电网工程项目文件归档清单（见附录D）。

本手册相关使用说明如下：

（1）本手册工作模板主要规范 10kV 及以下配电网架空线路、电缆、开闭所、台区等各专业工作管理过程中主要模板的格式、内容，自印发之日起在公司系统 10kV 及以下配电网建设工程项目中统一执行。

（2）工程建设相关的表式分业主、监理、施工三个模板。本手册仅针对施工发起并填写的表式进行整理归类，由业主、监理发起并填写的表式参见《10kV 及以下配电网工程业主项目部标准化管理手册》《10kV 及以下配电网工程监理项目部标准化管理手册》模板。

（3）施工管理模板代码的命名规则为："SXM"代表"施工项目管理"模板；"SAQ"代表"施工安全管理"模板；"SZL"代表"施工质量管理"模板；"SZJ"代表"施工造价管理"模板；"SJS"代表"施工技术管理"模板。

（4）手册中管理模板的编号原则如下：

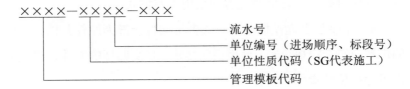

其中，单位性质代码为单位性质的拼音首字母缩写，如 SG 代表施工单位；SJ 代表设计单位；SY 代表试验单位；JL 代表监理单位；YZ 代表业主。单位编号用来区别多个同性质单位（如只有一个单位，则单位编号不填写），按照进入现场时间的先后顺序填写，如场平单位为第一个进场的土建单位，编为 SG01，主体单位为第

二个进场的土建单位，编为 SG02。流水号用来区分同一类模板，统一用三位数字填写，按形成的先后顺序编号，第一份为 001，第二份为 002……。为方便材料、试品试件报审表排序清晰，将材料及试品试件实行分类报审，编号扩展到三段号，即：单位编号–材料试品种类名称–进场流水号。例如：SZL7-SG02-砂-002 及 SZL7-SG02-钢筋-003。

（5）表式内容填写总使用说明。

1）工程名称：以施工图设计文件名为准。

2）管理模板中施工项目部名称以项目部公章为准。除按填写、使用说明要求加盖公司印章外，其他所有需要加盖施工印章的，均指施工项目部公章。报审表经业主项目部经理审核签字后，加盖业主项目部公章；需建设管理单位负责人签字的，加盖建设管理单位公章。

3）本手册管理模板中施工项目部填写内容宜采用打印方式，监理项目部、业主项目部、建设管理单位审查意见必须采用手写方式。其所有姓名、日期的签署均采用手写方式。

4）本手册管理模板要求一式多份文件全部为原件归档。文件的份数应符合模板填写、使用说明要求。移交归档的文件在移交前由组卷单位负责保管。

5）施工现场使用本手册管理模板时不需要打印各模板左上方代码字段和下方的填写、使用说明字段。

目 录

编制说明

1 **施工项目部设置** ································· 1

1.1 施工项目部组建 ···························· 1

1.2 施工项目部工作职责 ······················ 3

1.3 施工项目部岗位工作职责 ·················· 5

2 **工程前期阶段** ································· 8

2.1 施工合同交底 ···························· 8

2.2 项目管理策划 ···························· 8

2.3 管理体系建立 ···························· 8

2.4 标准化开工管理 ························· 9

3 **工程建设阶段** ································ 12

3.1 项目管理 ································ 12

3.2 安全管理 ································ 13

3.3 质量管理 ································ 16

3.4 造价管理 ·· 21

3.5 技术管理 ·· 21

4 总结评价阶段 ······································ 23

4.1 工程总结 ·· 23

4.2 资料归档 ·· 23

4.3 工程结算 ·· 23

4.4 工程创优 ·· 24

4.5 质量保修 ·· 24

附录 A 名词术语 ····································· 25

附录 B 设计变更管理流程图 ···················· 27

附录 C 标准化管理模板 ··························· 28

C.1 施工项目部设置部分 ·························· 28

SSZ1：施工项目部组织机构成立通知 ··········· 28

C.2 项目管理部分 ································· 29

SXM1：项目管理实施规划报审表 ··············· 29

SXM2：停电计划需求表 ························· 36

SXM3：工程开工报审表 ························· 37

SXM4：工作联系单 ····························· 39

SXM5：工程复工申请表 ························· 40

SXM6：文件收发记录表 ························· 42

SXM7：通用报审表 ····························· 43

SXM8：监理通知回复单 ························· 45

SXM9：工程总结 ······························· 47

C.3　安全管理部分 ·· 51

SAQ1：安全教育培训记录 ······························ 51

SAQ2：安全文明施工设施进场验收单 ············ 52

SAQ3：主要施工机械/工器具/安全防护用品

（用具）报审表 ································ 53

SAQ4：特殊工种/特殊作业人员报审表 ·········· 55

SAQ5：施工机具安全检查记录表 ················· 57

SAQ6：重要设施安全检查签证记录 ············· 58

SAQ/SZL7：安全/质量检查整改记录表 ········· 59

SAQ8：现场应急处置方案演练记录 ············· 60

C.4　质量管理部分 ·· 61

SZL1：施工质量验收及评定范围划分报审表 ······· 61

SZL2：工程控制网测量/线路复测报审表 ········· 68

SZL3：试验（检测）单位资质报审表 ············· 70

SZL4：乙供工程材料/构配件/设备进场报审表 ······ 72

SZL5：产品检验记录 ··································· 74

SZL6：试品/试件试验报告报验表 ·················· 75

SZL7：主要测量计量器具/试验设备检验报审表 ····· 77

SZL8：公司级专检申请表 ···························· 78

SZL9：公司级专检报告 ······························· 80

C.5　造价管理部分 ·· 83

SZJ1：工程预付款报审表 ···························· 83

SZJ2：索赔申请表 ······································ 84

SZJ3：工程进度款报审表 ···························· 85

SZJ4：设计变更联系单 ……………………………… 86

SZJ5：设计变更审批单 ……………………………… 87

SZJ6：现场签证审批单 ……………………………… 88

C.6　技术管理部分 ………………………………………… 89

SJS1：交底记录 …………………………………… 89

SJS2：图纸预检记录 ……………………………… 90

SJS3：一般/特殊（专项）施工技术方案（措施）

报审表 …………………………………… 91

SJS4：设计变更执行报验单 ……………………… 93

附录 D　10kV 及以下配电网工程项目文件归档清单 ………… 95

1 施工项目部设置

1.1 施工项目部组建

1.1.1 职能

施工项目部是指由施工单位（项目承包人）成立并派驻施工现场，代表施工单位履行施工承包合同的项目管理组织机构。依据有关法律法规及规章制度，对项目施工安全、质量、进度、造价、技术等实施现场管理，在保证经济、合理、安全、环保的前提下实现合同约定的各项目标。

1.1.2 组建原则

所有 10kV 配电网建设工程必须组建施工项目部。施工单位应在工程项目启动前按已签订的施工合同组建施工项目部，并以文件（见附录 C 中 SSZ1）形式任命项目经理等主要管理人员，并抄报业主、监理项目部。

施工项目部设置施工项目经理、技术员、安全员、质检员、造价员、资料信息员、材料员、综合管理员、线路施工协调员等岗位。项目部至少配备项目经理、技术员、安全员、质检员等主要管理人员各 1 人，其余岗位可根据施工需要，由施工单位统一调配或者由主要管理人员兼任。

施工单位不得随意变更项目经理,特殊原因需要变更时,按有关合同规定征得建设管理单位同意后办理变更手续,并报监理项目部备案。施工项目部主要管理人员发生变动时,由施工单位重新发文,并按程序报备。

1.1.3 任职条件

项目经理由具备良好综合管理能力和协调能力的管理人员担任,其他管理人员由具备专业管理能力和丰富实践经验的人员担任。施工项目部组成人员任职条件见表1-1。

表 1-1 施工项目部组成人员任职条件

岗位	任 职 条 件
项目经理	项目经理应取得工程建设类二级及以上相应专业注册建造师资格证书,持有省级政府部门颁发的项目负责人安全生产考核合格证书或省级及以上公司颁发的安全培训合格证书,具有 2 年以上电网工程施工管理经历
技术员	具有初级及以上技术职称且具有 2 年及以上电网工程施工技术管理经历
安全员	持有省级政府部门颁发的安全管理人员安全生产考核合格证书或省级及以上公司颁发的安全培训合格证书,具有 2 年及以上电网工程施工安全管理经历
质检员	持有电力质量监督部门或省市政府部门颁发的相应质量培训合格证书,具有 2 年及以上电网工程施工质量管理经历
造价员	具有电网工程施工造价管理工作经历
资料信息员	具有电网工程施工资料及信息管理工作经历
材料员	具有电网工程施工物资管理工作经历
综合管理员	具有电网工程施工综合管理相关工作经历
线路施工协调员	熟悉相关国家、地方的法律法规,具有电网工程现场管理工作经历,具有较强组织协调能力

注 任职人员资格及配置不得低于投标承诺。

1.1.4 基本设施配置

施工项目部应有固定的、相对独立的办公场所。施工项目部应根据合同约定，配备满足工程需要的检测设备、工器具、交通工具及满足电网工程管理信息系统应用需要的信息网络、办公基本设备与设施。相关检测设备、工器具应取得检验合格证，并在有效期内使用。

施工项目部在办公区或施工区设置工程项目概况牌（含项目管理目标）、工程项目建设管理责任牌、施工总平面布置图。项目部将工程项目组织机构图、项目部工作职责、工程施工进度横道图上墙。

1.2 施工项目部工作职责

施工项目部负责组织实施施工合同范围内的具体工作，执行有关法律法规及规章制度，对项目施工安全、质量、进度、造价、技术等实施现场管理。

（1）贯彻执行国家、行业、地方及国家电网公司相关建设标准、规程和规范，落实国家电网公司各项配电网工程管理制度，执行施工项目标准化建设各项要求。

（2）建立健全项目、安全、质量等管理网络，落实管理责任。

（3）编制项目管理实施规划，报监理项目部审查、业主项目部审批后实施。

（4）报送施工进度及停电需求计划，并进行动态管理，及时反馈物资供应情况。

（5）配合项目建设外部环境协调，重大问题及时报请监理、业主项目部协调。

（6）负责施工项目部人员及施工人员的安全、质量教育，提供必需的安全防护用品和检测、计量设备。

（7）参加工程月度例会、专题协调会，落实上级和业主、监理项目部的管理工作要求，协调解决施工过程中出现的问题。

（8）负责组织现场安全文明施工，制订风险预控措施，并在施工中落实；开展并参加各类安全检查，对存在的问题闭环整改。

（9）配备施工机械管理人员，落实施工机械安全管理责任。对进入现场的施工机械和工器具的安全状况进行准入检查，并监控施工过程中起重机械的安装、拆卸、重要吊装、关键工序作业，负责施工队（班组）安全工器具的定期试验、送检工作。

（10）参与编制和执行各类现场应急处置方案，配置现场应急资源，开展应急教育培训和应急演练，执行应急报告制度。

（11）组织施工图预检，参加设计交底及施工图会检，严格按图施工。

（12）严格执行工程建设标准强制性条文，全面应用标准工艺，落实质量通病防治措施，通过数码照片等管理手段严格控制施工全过程的质量和工艺。

（13）规范开展施工质量班组级自检和项目部级复检工作，配合各级质量检查、质量监督、质量验收等工作。

（14）负责编制施工方案、作业指导书或安全技术措施，组织全体作业人员参加交底，并按规定在交底书上签字确认。

（15）应用配电网工程管理信息系统，及时准确完成项目相关数据录入。

（16）负责施工档案资料的收集、整理、归档、移交工作。

（17）工程发生质量事件、安全事故时，按规定程序及时上报，参与并配合调查和处理工作。

（18）负责项目质保期内保修工作，参与工程创优工作。

1.3 施工项目部岗位工作职责

施工项目部岗位职责见表1-2。

表1-2 施工项目部岗位职责

岗位	主 要 职 责
项目经理	（1）主持施工项目部工作，在授权范围内代表施工单位全面履行施工承包合同，实施全过程管理，确保工程施工顺利进行。 （2）建立相关施工责任制和各专业管理体系，组织落实各项管理组织和资源配备，并监督有效运行，负责项目员工绩效考核及奖惩。 （3）组织编制项目管理实施规划，并负责监督和落实。 （4）组织制订施工进度、安全、质量及造价管理实施计划，实时掌握施工过程中安全、质量、进度、技术、造价、组织协调等总体情况。 （5）参加业主项目部组织的月度例会，落实会议要求，安排部署施工工作。督促施工班组每周开展一次安全质量活动。 （6）对施工过程中的安全、质量、进度、技术、造价等管理要求执行情况进行检查、分析及组织纠偏。 （7）负责组织处理工程实施和检查中出现的重大问题，制订预防措施。特殊困难及时提请有关方协调解决。 （8）合理安排项目资金的使用，落实安全文明施工费申请、使用。 （9）负责组织落实安全文明施工、职业健康和环境保护有关要求；负责组织对重要工序、危险作业和特殊作业项目开工前的安全文明施工条件进行检查并签证确认。 （10）负责组织工程班组级自检、项目部级复检和质量评定工作，配合公司级专检、监理初检、中间验收、竣工预验收、启动验收和启动试运行工作，并及时组织对相关问题进行闭环整改。 （11）参与或配合工程安全事件和质量事件的调查处理工作。 （12）项目投产后，组织对项目管理工作进行总结；配合审计工作，安排项目部解散后的收尾工作，督促工程竣工结算资料和施工档案资料的编制和移交工作。 （13）按照业主项目部要求，组织施工项目部开展工程创优工作

岗位	主　要　职　责
技术员	（1）参与编制项目管理实施规划，并负责监督落实。 （2）编制施工进度计划，并监督落实；编制技术培训计划，并组织实施。 （3）组织施工图预检，参加业主项目部组织的设计交底及施工图会检。对施工图纸和设计变更的执行有效性负责，对施工图纸中存在的问题，及时编制设计变更联系单并报设计单位。 （4）负责编写施工方案、安全技术措施，组织安全技术交底。负责对承担的施工方案进行技术经济分析与评价。 （5）定期组织检查或抽查工程安全、质量情况，组织解决工程施工安全、质量有关问题。 （6）负责组织施工班组做好项目施工过程中的施工记录和签证。 （7）负责组织收集、整理施工过程资料，在工程投产后组织移交竣工资料。 （8）协助项目经理做好其他施工管理工作。 （9）参与审查施工作业票
安全员	（1）贯彻执行工程安全管理有关法律、法规、规程、规范和国家电网公司配电网工程通用制度，参与项目管理实施规划安全部分的编制并指导实施。 （2）负责记录施工项目部安全活动，负责施工人员的安全教育和上岗培训；汇总特种作业人员资质信息，报监理项目部审查。 （3）参与施工作业票、工作票审查，参加一般施工方案的安全技术措施审核，参加安全交底，检查施工过程中安全技术措施落实情况。 （4）负责编制安全防护用品和安全工器具的需求计划，建立项目安全管理台账。 （5）审查施工人员进出场工作，检查作业现场安全措施落实情况，制止不安全行为。 （6）检查作业场所的安全文明施工状况，督促问题整改；制止和处罚违章作业和违章指挥行为；做好安全工作总结。 （7）配合安全事件的调查处理。 （8）负责项目建设安全信息收集、整理与上报
质检员	（1）贯彻落实工程质量管理有关法律、法规、规程、规范和国家电网公司基建通用制度，参与项目管理实施规划质量部分的编制并指导实施。 （2）开展项目实施过程中的质量控制和管理工作。检查工程质量情况，监督质量问题整改情况，配合各级质量管理工作。 （3）组织进行隐蔽工程和关键工序检查，督促施工班组做好质量自检和施工记录填写工作。 （4）对分包工程质量实施有效管控，监督检查分包工程的施工质量。 （5）收集、审查、整理施工记录表格、试验报告等资料。 （6）配合工程质量事件调查
造价员	（1）严格执行国家、行业标准和国家电网公司标准，贯彻落实建设管理单位有关造价管理要求，负责项目施工过程中的造价管理与控制工作。 （2）负责工程设计变更费用核实，负责工程现场签证费用的计算，并按规定向监理和业主项目部报审。 （3）配合业主项目部工程量管理文件的编审。

岗位	主 要 职 责
造价员	（4）编制工程进度款支付申请和月度用款计划，按规定向业主和监理项目部报审。 （5）依据工程施工合同及竣工工程量文件编制工程施工结算文件，上报至本单位对口管理部门。配合工程结算、决算、审计以及财务稽核工作。 （6）负责收集、整理工程实施过程中造价管理工作有关资料
信息资料员	（1）负责对工程设计文件、施工信息及有关文件、资料的接收、传递和保管，保证其安全性和有效性。 （2）负责有关会议纪要整理工作，负责有关工程资料的收集和整理工作；配合基建管理信息系统数据录入工作。 （3）建立文件资料管理台账，按时完成档案移交工作
材料员	（1）严格遵守物资管理及验收制度，加强对设备、材料和危险品的保管，建立各种物资供应台账，做到账、卡、物相符。 （2）负责组织办理甲供设备材料的催运、装卸、保管、发放，自购材料的供应、运输、发放、补料等工作。 （3）负责组织对到达现场（仓库）的设备、材料进行型号、数量、质量的核对与检查。收集项目设备、材料及机具的质保等文件。 （4）负责工程项目完工后剩余材料的冲减退料工作。 （5）做好到场物资使用的跟踪管理
综合管理员	（1）负责项目管理人员的生活、后勤、安全保卫工作。 （2）负责现场的各种会议会务管理及筹备工作。 （3）协调办理有关施工许可及其他相关手续。 （4）联系召开工程协调会议，协调好地方关系，配合业主项目部做好相关外部协调工作。 （5）根据施工合同，做好青苗补偿、塔基占地、树木砍伐、施工跨越等通道清理的协调及赔偿工作。 （6）负责通道清理资料的收集、整理

注 表中主要职责的具体管理内容、方法、流程、标准、模板在各管理体系中进行具体明确。

2 工程前期阶段

2.1 施工合同交底

施工项目部成立后，由施工单位对其进行合同交底，施工单位主管领导、各有关部室专业管理人员、项目经理、项目部主要管理人员参加。对工程项目承包范围、施工地点地貌及交通情况、工程建设目标、技术标准及规程规范、工程责任部门、业主及其他相关方要求等内容进行交底，形成交底记录（见附录 C 中 SJS1），施工项目部存档。

2.2 项目管理策划

编制项目管理实施规划（见附录 C 中 SXM1），并报监理、业主审批。安全管理及风险控制方案、质量通病防治措施不再单独编制，其内容全部纳入项目管理实施规划相应章节。根据工程实际及新的要求，及时对项目管理实施规划进行滚动修编。编制施工质量验收及评定范围划分表（见附录 C 中 SZL1），并报监理、业主项目部审批。

2.3 管理体系建立

工程开工前，建立健全安全保证和安全监督体系，确保专职安全员及各施工队、班组的兼职安全员等各类管理人员到岗到位。工程开工前，建立健全质量管理体系，明确工程质量目标，落实质量管理各项职责分工。工程开工前，建立健全各级安全、质量管理制度，落实各级管理制度。

2.4 标准化开工管理

2.4.1 开工前应开展的工作

（1）组织全体施工人员进行安全教育培训（见附录 C 中 SAQ1），经考试合格后方可上岗。

（2）参加业主项目部组织的第一次工地例会，落实会议相关工作要求。

（3）在业主项目部组织下，参加设计交桩工作，履行交接桩手续。

（4）由技术员组织测量人员对站房控制网（坐标点、水准点）/线路进行复测，并将测量结果形成复测报告（见附录 C 中 SZL2），报监理项目部审核。

（5）执行项目管理实施规划中安全文明施工措施及配置要求，编制安全文明施工设施进场验收单（见附录 C 中 SAQ2），报监理、业主项目部确认。

（6）在工程项目应急工作组的领导下，组建现场应急救援队伍，配备应急救援物资和工器具。在办公区、施工区、材料站（仓库）等场所的醒目处，设立应急联络牌（含救援路线图）。

（7）对施工过程中拟采用的试验（检测）单位进行资质报审（见附录 C 中 SZL3）。

（8）根据审定的施工图设计文件、设计工程量管理文件编制施工预算。

（9）根据工程建设合同编制工程预付款（见附录 C 中 SZJ1），报监理项目部审核后，报送至业主项目部审批。

（10）编制施工临时用电方案，经施工企业技术负责人审批，报监理项目部审查、业主项目部备案后实施（见附录 C 中 SJS3）。

（11）编制工程停电施工方案及停电需求计划（见附录 C 中 SXM2），报监理项目部审核，经业主项目部审查后报建设管理单位，由建设管理单位报送相应调度部门纳入年度停电计划。

2.4.2　开工必备的条件

（1）项目管理实施规划已审批。

（2）组织施工项目部进行施工图预检，形成图纸预检记录（见附录 C 中 SJS2），提交监理项目部；参加业主项目部组织的设计交底和施工图会检。

（3）编制相关施工方案（作业指导书），按要求审批后报监理项目部。特殊施工方案需报业主项目部审批（见附录 C 中 SJS3）。

（4）依据项目管理实施规划、施工方案、工程设计文件、施工合同和设备说明书等对项目部主要施工负责人及有关人员进行交底，并做好交底记录。

（5）填写项目施工主要施工机械/工器具/安全防护用具清单（见附录 C 中 SAQ3），与相关检验资料一并报监理项目部审查。

（6）参与或负责开工前期到场设备、原材料进货检验（开箱检验）、试验、见证取样、保管工作并报审（见附录 C 中 SZL4、SZL5），不符合要求时，督促责任厂家更换。按要求进行首件试品（件）试验（见附录 C 中 SZL6），试验结果报监理项目部确认。

（7）填写施工现场使用的主要测量计量器具、试验设备检验报审表（见附录 C 中 SZL7），并上报监理项目部审批。

（8）填写所选用的特殊工种和特殊作业人员报审表（见附录 C 中 SAQ4），并上报监理项目部审批。

（9）物资、材料能满足连续施工的需要。落实以上条件，上报开工报审表（见附录 C 中 SXM3）。

3 工程建设阶段

3.1 项目管理

项目管理是除安全、质量、造价和技术四项专业化管理之外的工程施工管理,其主要内容包括进度计划管理、合同履约管理、建设协调管理、信息与档案管理。

3.1.1 进度计划管理

(1)对进度计划进行动态管理,因施工项目部管理原因造成的工期延误,应自行采取调整措施,避免影响总体工期;如遇因天气等不可抗力因素,因设备偏差、甲供材料延误、设计更改等原因造成的工期延误,施工项目部在工程月度例会上提出调整建议,按会议纪要执行。

(2)根据施工需要编制施工停电月度需求计划,报送监理项目部和业主项目部。

3.1.2 合同履约管理

(1)执行工程合同条款,及时协调合同执行过程中的问题,向施工单位相关管理部门汇报合同履约情况及存在的问题。

(2)当工程出现索赔时,填写索赔申请(见附录 C 中 SZJ2),报监理项目部审查,报业主项目部、建设管理单位审批,依据工程建设合同办理索赔。

3.1.3 建设协调管理

（1）参加业主项目部组织的工程月度例会、专题协调会，提出工作意见、建议和需协调解决的重大问题。

（2）根据实际情况，适时组织工程会议，协调解决影响施工的相关问题；遇有重大问题填写工作联系单（见附录 C 中 SXM4），报监理项目部和业主项目部。

（3）当监理下达工程暂停令时，按要求做好相关工作，待停工因素全部消除或得到有效控制后，提出工程复工申请表（见附录 C 中 SXM5）。

3.1.4 信息与档案管理

（1）负责文件的收发、整理、保管、归档工作，填写文件收发记录表（见附录 C 中 SXM6），报审相关文件资料。

（2）根据《国网冀北电力有限公司配网工程档案管理实施细则》的要求，及时完成工程资料的收集、整理、编目工作，确保档案资料与工程进度同步。

（3）根据配网工程管理信息系统的要求，及时、准确、完整的录入施工现场信息资料。

3.2 安全管理

3.2.1 安全文明施工管理

（1）根据项目管理实施规划中安全文明施工措施,配置相应的安全设施,为施工人员配备合格的个人防护用品,并做好日常检查、保养等管理工作。

（2）对施工现场可能造成人员伤害或物品坠落的孔洞及沟道实施盖板、围栏等防护措施。

（3）危险区域与人员活动区域间、带电设备区域与施工区域间、施工作业区域与非施工作业区域间、地下穿越入口和出口区域、设备材料堆放区域与施工区域间应使用安全围栏实施有效的隔离。施工作业区域与非施工作业区域间、设备材料堆放区域四周、电缆沟道两侧宜采用提示遮栏进行隔离。交叉施工作业区应合理布置安全隔离设施和安全警示标志。

（4）施工现场配电箱应按照三级配电两级保护、三相五线制要求配置,各级配电箱装设应端正、牢固、防雨、防尘,并加锁,设置安全警示标志,总配电箱和分配电箱附近配备消防器材。

（5）易燃易爆物品、仓库、宿舍、加工区、配电箱及重要机械设备附近,应按规定配备灭火器、砂箱、水桶、斧、锹等消防器材,并放在明显、易取处。

（6）带电跨越时,跨越架或承力索封顶网应使用绝缘网和绝缘绳。

（7）全面落实环境保护和水土保持控制措施。发生环境污染事件后,立即采取措施,可靠处理;当发现施工中存在环境污染事故隐患时,应暂停施工;在环境污染事故发生后,应立即向监理项目部和项目法人报告。同时按照事故处理方案立即采取措施,防止事故扩大。

3.2.2 安全风险管理

（1）风险作业必须填写安全施工作业票，由施工项目部经理签发，报监理项目部确认后，工作负责人逐项确认落实安全施工作业票中的作业风险控制卡。风险作业必须填写安全施工作业票，由施工项目部经理签发，报监理项目部、业主项目经理确认后，工作负责人根据建设管理单位下达的风险预警完善作业风险控制卡。对一项作业中有多个工序风险等级的，风险等级按其中最高的等级进行控制管理。

（2）施工项目部应张挂施工风险管控公示牌，并根据实际情况及时更新，确保各级人员对作业风险心中有数。

（3）施工重要临时设施完成后，项目部应组织相关人员进行检查，填写重要设施安全检查签证记录（见附录 C 中 SAQ6），报监理项目部核查后使用。

（4）对以下重点工序及作业内容应重点加以管控。

1）站房工程：涉及人工挖孔桩，桩基施工，强夯施工，土方工程，多种施工机械交叉施工，施工用电接火，挡土墙施工，脚手架搭设及拆除，主体结构的模板安装（支模）及混凝土浇筑，梁、板、柱及屋面钢筋绑扎，室内外装饰涉及高处作业项目，屋面防水施工，构架组立，构架横梁就位安装。

2）线路工程：涉及高处压接导线，特殊地质地貌条件下施工，人工挖孔桩，运行电力线路下方的线路基础开挖，过轮临锚，牵张场地锚线，紧线、挂线，杆塔组立，导引绳展放，导线、地线和光缆架设。

3）电缆工程：电缆沟开挖、水泥浇筑、电缆敷设、电缆头制作、沙土回填等。

4）特殊施工作业：如飞艇、动力伞展放导引绳等施工作业。

3.2.3 安全检查管理

（1）参加业主项目部组织的月度安全检查，根据需要和现场施工实际情况适时开展安全检查。对发现的问题，填写安全/质量检查整改记录表（见附录 C 中 SAQ/SZL7），下发责任单位、部门负责整改，整改后对检查结果情况签字确认。

（2）发生安全事故后，现场有关人员应立即向现场负责人报告；现场负责人接到报告后，按规定及时上报本单位负责人、监理项目部、业主项目部。根据事故等级，按规定配合事故调查、分析和处理。

（3）对后续新进特殊工种/特殊作业人员按规定报审（见附录C中 SAQ4）。

3.2.4 安全应急管理

参加工程项目应急工作组组织的应急救援知识培训和现场应急演练，填写现场应急处置方案演练记录（见附录 C 中 SAQ8）。在工程项目应急工作组接到应急信息后，立即启动现场应急处置方案，组织应急救援队伍参加救援工作。

3.3 质量管理

3.3.1 质量检查管理

（1）对监理项目部提出施工存在的质量问题，认真整改，及时填写监理通知回复单（见附录 C 中 SXM8）。

（2）配合各级质量检查、质量监督、质量验收等工作，对存在的质量问题认真整改。

（3）发生质量事件后，现场有关人员应立即向现场负责人报告；现场负责人接到报告后，按规定及时上报本单位负责人、监理项目部、业主项目部。根据事件等级，按规定配合事件调查、分析和处理。

3.3.2　质量控制管理

根据工程进展，做好施工工序的质量控制，严格工序验收，如实填写施工记录，加强工程重点环节、工序的质量控制，确保施工质量满足质量标准和验收规范的要求。

（1）站房工程重要环节、工序的质量控制点。

1）土建施工：坐标点；预应力桩；试桩和地基验槽；大体积混凝土施工；地下室和屋面防水。

2）电气安装：电杆焊接；主接地网敷设；软母线压接；变压器内部检查；变压器安装；10kV 及以下电缆终端头、中间头制作。

3）设备调试：变压器试验、开关柜保护调试等。

（2）线路工程重点环节、工序的质量控制点。

1）线路基础施工：水中基础；在工程首次应用的新型基础；基础冬期施工、大体积混凝土基础。

2）铁塔工程：耐张塔结构倾斜。

3）架线工程：导地线弧垂控制、防磨损措施制订；导、地线压接；对铁路、高速公路、输电线路等特殊跨越、穿越的净空距离控制。实施施工首次试点，做好牵张设备、液压设备、滑车等影响工程质量的主要工器具、操作人员资质及成品质量的跟踪检查。

3.3.3　标准工艺管理

（1）对标准工艺策划及应用措施进行技术交底。

（2）按照标准工艺实施策划，依托首基、首件形成标准工艺实体样板，配合监理项目部开展首基、首件实体样板检查、见证，经业主项目部或监理项目部确认后组织实施。

（3）对标准工艺的过程实施情况进行检查。

3.3.4　质量通病防治

分阶段对项目管理实施规划中的质量通病防治措施进行交底，确保落实到位。对质量通病防治措施的执行情况进行检查，对发现问题进行整改闭环。

3.3.5　强制性条文实施

按照项目管理实施规划中的施工强制性条文执行计划，在隐蔽工程和检验批质量验收时，对强制性条文执行情况进行阶段性检查，对发现的问题进行整改闭环。

3.3.6　设备材料质量管理

（1）参加监理项目部组织的甲供设备材料交接验收及开箱检查，做好设备材料的保管、转运及使用，加强现场使用前的外观检查，发现设备材料质量不符合要求时，配合业主及物资管理部门督促责任厂家更换。

（2）对后续进场的自购材料、构配件、设备按规定进行进场验收后，填报乙供工程材料/构配件/设备进场报审表，报监理项目部审查。

（3）后续自购原材料经监理项目部见证取样、送检，分批次进行检验，填写检验记录，及时对原材料进行跟踪管理，填写跟踪记录。

（4）对混凝土施工，按规范要求留置养护混凝土试块，对混凝土试块抗压强度进行汇总及强度评定，填写相应记录（见附录 C 中 SZL1～SZL6）。同条件养护试件所对应的重要结构构件或结构部位应由业主、监理、施工等各方共同选定。

（5）对后续新进主要测量计量器具/试验设备按规定报审，填报主要测量计量器具/试验设备检验报审表，报监理项目部审查。

3.3.7　数码照片管理

（1）及时监督检查施工项目部采集、整理的隐蔽工程、工程亮点、施工过程（即反映施工整体流程中单个工序的除隐蔽工程、工程亮点之外的照片）等数码照片资料，强化施工质量过程控制。

（2）每项工程设置文件夹，其中包括：

1）开闭站工程。应采集地基验槽、钢筋工程、混凝土工程、接地装置、防水工程、母线压接等隐蔽工程数码照片，数量要求为每项不少于 1 张。

2）配电线路工程。应采集验坑（各种杆塔型）、钢筋工程、混凝土工程、接地装置、接续管等隐蔽工程，数量要求为每项不少于 1 张。

3）施工过程照片。应采集关键点、重要部位。

（3）在检查验收过程中，对成品质量工艺效果优良的采集亮点照片。

（4）数码照片的拍摄及命名规则按照公司相关要求执行。配电网工程按单位工程设置文件夹，线路工程按杆塔号设置文件夹。

3.3.8 质量验收管理

（1）隐蔽工程在隐蔽前48h通知监理项目部，验收后做好隐蔽验收签证记录。

（2）班组自检应在检验批（单元工程）完成时，由施工班组独立完成。

（3）班组自检合格后，由施工项目部完成项目部复检工作。项目部复检合格后，填写公司级专检申请表（见附录 C 中 SZL8），申请公司级专检。

（4）公司级专检由施工单位工程质量管理部门根据工程进度开展，以过程随机检查和阶段性检查的方式进行，以确保覆盖面。阶段性公司级专检完成后，编制公司级专检报告（见附录 C 中 SZL9）。向监理项目部填报监理初检申请表。

（5）按照施工质量验评范围划分表的要求，将三级自检的结果填入相应的质量验收评定记录，并按规定报验。

（6）按照交接试验规程及有关要求，做好设备试验和保护调试工作，出具试验报告，并报监理项目部审核（见附录 C 中 SXM7）。

（7）积极配合工程验收和质量监督检查工作，完成整改项目的闭环管理。配合启动试运行工作。

（8）工程试运行完成后向建设管理单位提交竣工资料，向生产运行单位移交备品备件、专用工具、仪器仪表。

3.4 造价管理

3.4.1 工程量管理

按照施工进度要求，根据施工设计图纸、工程设计变更及现场签证单，核对施工工程量，配合业主项目部编制施工工程量清单。

3.4.2 进度款管理

（1）依据工程形象进度编制工程进度款报审表（见附录 C 中 SZJ3），报工程监理项目部审核后，报送业主项目部审批。

（2）在设备、材料到货验收单签署施工项目部意见。

3.4.3 工程设计变更与现场签证

（1）负责出具由施工项目部提出的设计变更联系单（见附录 C 中 SZJ4），并按设计变更流程（见附录 B）报送。配合完成设计变更审批单（见附录 C 中 SZJ5）确认手续，并组织实施。

（2）设计变更单执行完毕后，填写《设计变更执行报验单》（见附录 C 中 SJS4）报监理项目部签认。

（3）负责及时提出工程实施过程中发生的现场签证，出具现场签证审批单（见附录 C 中 SZJ6），履行现场签证审批单确认手续，并组织实施。

3.5 技术管理

（1）参与技术标准执行清单编制，按业主项目部下发的清单进行现场配置。

（2）组织施工图预检，形成图纸预检记录提交监理项目部；参加业主项目部组织的设计交底和施工图会检。

（3）组织编制施工（调试、试验）技术方案（措施），履行内部单位审批后，报监理项目部审核。特殊（专项）施工技术方案（措施）（包括重要交叉配合施工方案、重大起吊运输方案、关键性和季节性施工措施、系统调试方案等）还需报业主项目部审批。对超过一定规模的危险性较大的分部分项工程的专项施工方案（含安全技术措施），施工企业还应按国家有关规定组织专家进行论证、审查。

（4）负责施工图和设计变更的接收、登记及发放。设计变更发放范围与施工图发放范围一致。

（5）执行三级技术交底制度，在各分部工程开始前，依据施工合同、项目管理实施规划、施工方案、工程设计文件和设备说明书等资料对项目部主要施工负责人及有关人员进行交底，并做好交底记录。

（6）负责施工技术资料的整理、审核工作。

4 总结评价阶段

4.1 工程总结

工程投产后 20 日内，编制工程总结（见附录 C 中 SXM9），主要内容包括工程概况、施工管理总结、本项目主要经验与教训、工程遗留问题与备忘录等。将标准工艺应用、质量通病防治、强制性条文执行情况等纳入工程总结。

4.2 资料归档

依据《国网冀北电力有限公司配电网档案管理实施细则》，在工程竣工投产后 1 个月内，及时完成工程资料收集、整理、组卷、编目、移交。需经业主项目部汇总、整理的资料，至少提前一周移交到业主项目部。

4.3 工程结算

（1）工程结算阶段，与业主项目部、监理项目部及设计单位共同核对竣工工程量，配合业主项目部完成竣工工程量文件。

（2）在工程投产后 7 日内，依据工程建设合同及四方确认的竣工工程量文件编制工程施工结算书，上报至本单位对口管理部门，由其对口管理部门统一报送至监理项目部、业主项目部和建设管理单位审批。

（3）完成本项目部管理范围内工程各参建单位的结算。

（4）配合工程结算督察；配合完成工程审计、财务决算等工作。

4.4　工程创优

参与建设管理单位组织的优质工程自检工作，接受并配合省级公司完成优质工程核检工作。

4.5　质量保修

（1）按合同约定实施项目投产后的保修工作。对工程质量保修期内出现的施工质量问题，应及时进行检查、分析及整改。

（2）配合业主项目部完成相关设备的故障处理工作。

（3）质保期满后，提交质量保证金支付申请。配合财务管理部门支付质量保证金。

附录 A 名 词 术 语

1. 项目法人

指具有民事权利能力和民事行为能力，依法独立享有民事权利和承担民事义务的，并以建设项目为目的，从事项目管理的最高权力集团和组织。是受工商部门认可的机构。

2. 建设管理单位

指受项目法人单位委托对配网项目进行建设管理的地市公司或县级公司相关管理单位。

3. 项目业主

指项目的主人，对项目享有所有权。

4. 工程概算

工程初步设计概算的简称，在初步设计阶段，应根据初步设计文件、定额和费用计算有关规定编制概算。

5. 设计变更

指工程初步设计批复后至工程竣工投产期间内，因设计或非设计原因引起的对初步设计文件或施工图设计文件的改变。

6. 现场签证

指在施工过程中除设计变更外，其他涉及工程量增减、合同内容变更以及合同约定发承包双方需确认事项的签认证明。

7. 工程结算

指对工程发承包合同价款进行约定和依据合同约定进行工程

进度款、工程竣工价款结算的活动。工程结算范围包括工程建设全过程中的建筑工程费、安装工程费、设备购置费和其他费用等。

8. 竣工决算

指综合反映基本建设工程投资情况、工程概预算执行情况、建设成果和财务状况的总结性文件,是正确核定新增资产价值的重要依据。

9. 工程审计

指检查工程会计凭证、会计账簿、会计报表以及其他与财务收支有关的资料和资产,监督财务收支真实、合法和效益的行为。工程审计是工程结算的监督行为,是审计部门的职责。

附录 B　设计变更管理流程图

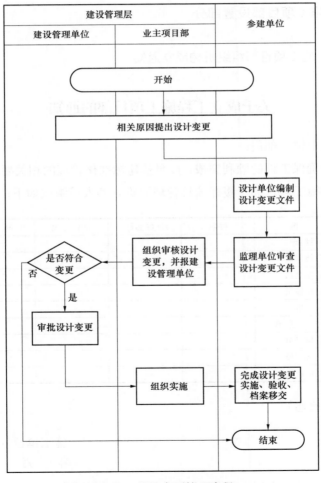

图 B.1　设计变更管理流程

附录 C 标准化管理模板

C.1 施工项目部设置部分

SSZ1：施工项目部组织机构成立通知

关于成立工程施工项目部的通知

各有关单位、部门：

    为确保工程的顺利完成，按照基建标准化管理的相关要求，成立工程施工项目部，履行项目管理职责。其人员组成如下：

岗　　位	姓名	证件名称	证件号码	有效期
项目经理				
项目技术员				
项目安全员				
项目质检员				
项目造价员				
项目资料信息员				
项目材料员				
综合管理员				
施工协调员				

    特此通知。

施工单位（章）：

年　　月　　日

    注　施工项目部组织结构成立应发正式文件通知，本模板为推荐格式。

C.2 项目管理部分

SXM1：项目管理实施规划报审表

项目管理实施规划报审表

工程名称：   编号：SXM1-SG××-×××

致_____监理项目部： 　　我方已根据施工合同的有关规定完成了_____工程项目管理实施规划（施工组织设计）的编制，并经我单位主管领导批准，请予以审查。 　　附件：项目管理实施规划/施工组织设计   　　　　　　　　　　　　　　　　　　施工项目部（章）： 　　　　　　　　　　　　　　　　　　项目经理：_____ 　　　　　　　　　　　　　　　　　　日　　期：_____
监理项目部审查意见：   　　　　　　　　　　　　　　　　　　监理项目部（章）： 　　　　　　　　　　　　　　　　　　总监理工程师：_____ 　　　　　　　　　　　　　　　　　　专业监理工程师：_____ 　　　　　　　　　　　　　　　　　　日　　期：_____
业主项目部审批意见：   　　　　　　　　　　　　　　　　　　业主项目部（章）： 　　　　　　　　　　　　　　　　　　项目经理：_____ 　　　　　　　　　　　　　　　　　　日　　期：_____

　　注　本表一式___份，由施工项目部填报，业主项目部、监理项目部各___份，施工项目部存___份。

填写、使用说明

（1）项目管理实施规划（施工组织设计）应由项目经理组织编制，施工单位相关职能管理部门审核，施工企业技术负责人批准。文件封面的落款为施工单位名称，并加盖施工单位章。

（2）监理项目部应从文件的内容是否完整，施工总进度计划是否满足合同工期，是否能够保证施工的连续性、紧凑性、均衡性；总体施工方案在技术上是否可行，经济上是否合理，施工工艺是否先进，能否满足施工总进度计划要求，安全文明施工、环保措施是否得当；施工现场平面布置是否合理，是否符合工程安全文明施工总体策划，是否与施工总进度计划相适应，是否考虑了施工机具、材料、设备之间在空间和时间上的协调；资源供应计划是否与施工总进度计划和施工方案相一致等方面进行审查，提出监理意见。

附件：

_____工程

项目管理实施规划/施工组织设计

施工单位（章）

_____年____月____日

_____施工组织设计（专项施工方案）

批　　准：　(企业技术负责人)　　　　____年__月__日

审　　核：　(企业安全管理部门)　　　____年__月__日

　　　　　　(企业质量管理部门)　　　____年__月__日

　　　　　　(企业技术管理部门)　　　____年__月__日

编　　写：　　(项目经理)　　　　　　____年__月__日

　　　　　(主要编写人员)　　　　　　____年__月__日

目　　次

1　编制依据

2　工程概况与工程实施条件分析

    2.1　工程概述（路径、工程量、建设单位、设计单位、监理单位和工期要求等）

    2.2　工程设计特点、工程量

    2.3　施工实施条件及自然环境分析

3　项目施工管理组织结构

    3.1　项目管理组织结构

    3.2　项目管理职责

    3.3　工程主要负责人简介

4　工期目标和施工进度计划

    4.1　工期目标及分解

    4.2　施工进度计划及编制说明

    4.3　进度计划图表

    4.4　进度计划风险分析及控制措施

5　质量管理体系

    5.1　质量目标及分解

    5.2　质量管理组织机构

    5.3　质量管理主要职责

    5.4　质量控制措施

    5.5　质量薄弱环节及预防措施

6 安全管理体系

6.1 安全目标及分解

6.2 安全管理组织机构

6.3 安全管理主要职责

6.4 安全控制措施

6.5 危险点、薄弱环节分析预测及预防措施

7 工地管理和施工平面布置

7.1 施工平面布置

7.2 工地管理方案与制度

8 施工方法

8.1 劳动力需求计划及计划投入的施工队伍

8.2 施工方法及主施工机具选择

8.3 施工机具需求计划

8.4 材料、消耗材料需求计划

9 施工管理与协调

9.1 技术管理及要求

9.2 物资管理及要求

9.3 资金管理及要求

9.4 作业队伍及管理人员管理及要求

9.5 协调工作（参建方、外部）

9.6 计划、统计和信息管理

9.7 资料管理

10 标准工艺施工

10.1 标准工艺实施目标及要求

10.2　标准工艺及技术控制措施

10.3　工艺标准、施工要点及实施效果

10.4　标准工艺成品保护措施

11　创优策划

11.1　施工创优目标

11.2　施工创优管理措施

12　施工新技术应用

12.1　采用新设备

12.2　采用新工艺

12.3　采用新材料

SXM2：停电计划需求表

停电计划需求表

工程名称：   编号：SXM2-SG××-×××

序号	主要工作内容	停电设备及范围	计划停电时间	停电天数	备注
1					
2					
3					
4					
5					
6					
7					
8					
9					
10					

联系人：   填报时间：

注　本表格为推荐模板。

SXM3：工程开工报审表

工程开工报审表

工程名称：　　　　　　　　　　　　　　　编号：SXM3-SG××-×××

致　　　　　　　　监理项目部：
我方承担建设的　　　　　　　工程，已完成开工前各项准备工作，特申请于　　　　　年　　月　　日开工，请审查。 　　□ 项目管理实施规划（施工组织设计）已审批； 　　□ 施工图会审已进行； 　　□ 各项施工管理制度和相应的施工方案已制定并审查合格； 　　□ 施工技术交底已进行； 　　□ 施工人力和机械已进场，施工组织已落实到位； 　　□ 物资、材料准备能满足连续施工的需要； 　　□ 计量器具、仪表经法定单位检验合格； 　　□ 特殊工种作业人员能满足施工需要。 　　　　　　　　　　　　　　　　施工项目部（章）： 　　　　　　　　　　　　　　　　项目经理：　　　　　　　　　 　　　　　　　　　　　　　　　　日期：
监理项目部审查意见： 　　　　　　　　　　　　　　　　监理项目部（章）： 　　　　　　　　　　　　　　　　总监理工程师：　　　　　　　 　　　　　　　　　　　　　　　　日期：
建设管理单位（业主项目部）审批意见： 　　□ 工程已经核准 　　　　　　　　　　　　　　　　建设管理单位（章）： 　　　　　　　　　　　　　　　　项目经理：　　　　　　　　　 　　　　　　　　　　　　　　　　地市供电企业建设部主任：　　　　　 　　　　　　　　　　　　　　　　日期：

　　注　本表一式　　份，由施工项目部填报，业主项目部、监理项目部各　　份，施工项目部
　　　　　　份。

填写、使用说明

（1）监理部审查确认后在框内打"√"。

（2）业主项目部审查确认后在"□工程已经核准"打"√"。

监理项目部审查要点：

1）工程各项开工准备是否充分。

2）相关的报审是否已全部完成，未核准项目原则上不允许开工。

3）是否具备开工条件。

SXM4：工作联系单

工 作 联 系 单

工程名称：   编号：SXM4-SG××-×××

致： _____ 事由： 内容： 	施工项目部（章）： 项目经理： 日 期：
意见： 	监理项目部（章）： 总监理工程师： 日 期：

注   本表一式___份，由施工项目部填写，业主项目部、监理项目部各存___份，施工项目部存___份。

SXM5：工程复工申请表

工程复工申请表

工程名称：　　　　　　　　　　　　　编号：SXM5-SG××-×××

致_____监理项目部： 　　_____工程暂停令指出的工程停工因素现已全部消除，具备复工条件。特报请审查，请予批准复工。 　　附件：复工申请报告   　　　　　　　　　　　　　　　　　施工项目部（章）： 　　　　　　　　　　　　　　　　　项目经理： 　　　　　　　　　　　　　　　　　日　　期：
监理项目部审查意见：   　　　　　　　　　　　　　　　　　监理项目部（章）： 　　　　　　　　　　　　　　　　　总监理工程师： 　　　　　　　　　　　　　　　　　日　　期：

　　注　本表一式___份，由施工项目部填报，业主项目部、监理项目部各___份，施工项目部存___份。

填写、使用说明

（1）施工项目部在接到工程暂停令后，针对监理部指出的问题，采取整改措施，整改完毕，就整改结果逐项进行自查，并应写出自查报告，报监理项目部。

（2）监理项目部审查要点：

1）整改措施是否有效。

2）停工因素是否已全部消除或得到有效控制。

3）是否具备复工条件。

（3）本文件必须由总监理工程师签字。

SXM6：文件收发记录表

文件收发记录表

工程名称：   编号：SXM6-SG××-×××

序号	文件名称及编号	文件来源/类别	接收	发　　放		
			接收人/日期	领取单位	份数	领取人/日期

注　本表一式___份，由文件发放部门保存。

SXM7：通用报审表

_____报审表

工程名称：   编号：SXMX13-SG××-×××

致_____监理项目部： 　　我单位已完成了_____工作，现报审，请予以审核。 　　附件：   　　　　　　　　　　　　　施工项目部（章）： 　　　　　　　　　　　　　项目经理：_____ 　　　　　　　　　　　　　日　　期：_____
监理项目部审查意见：   　　　　　　　　　　　　　监理项目部（章）： 　　　　　　　　　　　　　总/专业监理工程师：_____ 　　　　　　　　　　　　　日　　　期：_____

　　注　本表一式___份，由施工项目部填报，业主项目部、监理项目部各___份，施工项目部存___份。

填写、使用说明

（1）此报审表为通用表，用于《10kV 及以下配电网工程施工项目部标准化管理手册》中未包含的施工项目部其他工作的报审。

（2）使用过程中，表号不变（即使是不同性质工作的报验），同一施工项目部按使用次序统一编流水号。

（3）如果该项工作还需要报业主项目部审批，则参照其他表式增加"业主项目部审批意见"栏。

SXM8：监理通知回复单

监理通知回复单

工程名称： 编号：SXMX14-SG××-×××

致_____监理项目部：

我方接到编号为_____的监理通知后，已按要求完成了_____
工作，现报上，请予以复查。

详细内容：

附件：

施工项目部（章）：

项目经理：_____

日　　期：_____

监理项目部复查意见：

监理项目部（章）：_____

总/专业监理工程师：_____

日　　期：_____

注　本表一式___份，由施工项目部填报，业主项目部、监理项目部各___份，施工项目部
存___份。

填写、使用说明

（1）本表为监理通知单的闭环回复单。

（2）如监理通知单所提出内容需整改,施工项目部应对整改要求在规定时限内整改完毕,并以书面材料报监理。

SXM9：工程总结

工 程 总 结

施工单位（章）

年 月 日

批准：（企业技术负责人）　　　　年　　月　　日

审核：（企业安全管理部门）　　　　年　　月　　日

　　　（企业质量管理部门）　　　　年　　月　　日

　　　（企业技术管理部门）　　　　年　　月　　日

编写：（项目经理）　　　　　　　　年　　月　　日

　　　（主要编写人员）　　　　　　年　　月　　日

目　次
（不限于）

一、工程概况

1．工程规模

（1）配网工程：

1）工程建设意义背景及工程地址。

2）主接线方式、容量、出线回数。

3）占地面积、建筑面积、建筑物名称。

4）主要设备型号、参数（主变压器、开关、闸刀、主保护等）。

（2）线路工程：

1）工程建设意义背景及工程地址路径。

2）基础（杆塔）数量、线路长度。

3）主要材料型号、参数（基础、杆塔、接地、绝缘、导地线、光缆等）。

2．主要参建单位（建设、设计、施工、监理）

3．施工主要进度节点

（1）开、竣工日期。

（2）验收日期（三级自检、监理初检、中间验收、竣工预验收、启动验收日期）。

4．施工大事记

二、施工管理

1．项目管理

2．安全管理

3. 质量管理

（1）强执行条文执行情况。

（2）质量通病防治总结。

（3）标准工艺应用总结。

4. 技术管理

5. 造价管理

三、本项目主要经验与教训

四、工程遗留问题与备忘录

1. 未完成的项目和原因及影响工程功能实用的程度

2. 后续完成计划

附件

1. 开闭站土建工程质量通病防治工作总结

2. 开闭站电气安装调试工程质量通病防治工作总结

3. 配网工程质量通病防治工作总结

C.3 安全管理部分

SAQ1：安全教育培训记录

安全教育培训记录

工程名称：   编号：SAQ1-SG××-×××

培训日期		培训地点	
组织人		主讲人	
参加人数		受培训单位	
主要内容：			

填写人：   日期：

SAQ2：安全文明施工设施进场验收单

安全文明施工设施进场验收单

工程名称：   编号：SAQ2-SG××-×××

序号	安全设施名称	规格	数量	进场日期
1				
2				
3				
4				
5				
6				
7				
8				
9				
10				
11				
12				
13				
14				
15				
16				
17				
18				
19				
20				

施工项目部：_____日期：_____

总监理师：_____日期：_____

业主项目部：_____日期：_____

注 安全文明施工设施进场时，由施工项目部填写此表，业主项目部和监理项目部进行审查验收。

SAQ3：主要施工机械/工器具/安全防护用品（用具）报审表

主要施工机械/工器具/安全防护用品（用具）报审表

工程名称：
编号：SAQ3-SG××-×××

致＿＿＿＿＿＿＿＿＿监理项目部：

现报上拟用于本工程的主要施工机械/工器具/安全防护用品（用具）清单及其检验资料，请查验。工程进行中如有调整，将重新统计并上报。

名称	检验证编号	数量	检验单位	有效期至

附件：相关检验证明文件

施工项目部（章）：

项目经理：

日　　期：

监理项目部审查意见：

监理项目部（章）：

专业监理工程师：

日　　期：

注　本表一式＿＿份，由施工项目部填报，业主项目部、监理项目部各＿＿份，施工项目部留存＿＿份。

填写、使用说明

（1）施工项目部在进行开工准备，或拟补充进场主要施工机械或工器具或安全用具时，应将机械、工器具、安全用具的清单及检验、试验报告、安全准用证等报监理项目部查验。

（2）施工项目部应对其报审的复印件进行确认，并注明原件存放处。

（3）工作要点：

1）检查主要施工机械设备/工器具/安全用具的数量、规格、型号是否满足项目管理实施规划及本阶段工程施工需要。

2）检查机械设备定检报告是否合格，起重机械的安全准用证是否符合要求。

3）检查安全用具的试验报告是否合格。

SAQ4：特殊工种/特殊作业人员报审表

特殊工种/特殊作业人员报审表

工程名称：   编号：SAQ4-SG××-×××

致＿＿＿＿＿＿＿＿＿＿＿监理项目部：

    现报上＿＿＿＿＿＿＿＿＿＿＿工程特殊工种作业人员资格证件，请查验。工程进行中如有调整，将重新统计并上报。

    附件：特殊工种作业人员资格证件复印件

施工项目部（章）：

项目经理：

日   期：

姓名	工种	证件编号	发证单位	有效期至

监理项目部审查意见：

监理项目部（章）：

专业监理工程师：

日   期：

注   本表一式＿＿份，由施工项目部填报，监理项目部＿＿份，施工项目部存＿＿份。

填写、使用说明

（1）施工项目部在进行工程开工或相关工程开展前，应将特殊工种/特殊作业人员上岗资格证书报监理项目部查验。

（2）施工项目部应对其报审的复印件进行确认，并注明原件存放处。

（3）工作要点：

1）检查特殊工种/特殊作业人员的数量是否满足工程施工需要。

2）检查特殊工种/特殊作业人员的资格证书是否有效。

SAQ5：施工机具安全检查记录表

施工机具安全检查记录表

工程名称：   编号：SAQ5-SG××-×××

序号	机具名称	型号规格	数量	定期检查						备注
				日期	地点	检查方法	检查数	合格率	检查人员	

填写人：   填表日期：

SAQ6：重要设施安全检查签证记录

重要设施安全检查签证记录

工程名称：　　　　　　　　　　　　　　　　编号：SAQ6-SG××-×××

重要设施 名称			计划使用时间	年　月　日
作业负责人			计划停用时间	年　月　日
检查内容	检查标准及要求			检查结果
施工项目部检查结论： 施工项目经理： 年　　月　　日				
监理项目部核查结论： 专业监理工程师： 年　　月　　日				

注 重要设施包括大中型起重机械、整体提升脚手架或整体提升工作平台、模板自升式架
　　设设施，脚手架，施工用电、水、气等能力能设施，交通运输道路和危险品库房等。每
　　一处重要设施填写一张表。

SAQ/SZL7：安全/质量检查整改记录表

安全/质量检查整改记录表

工程名称：   编号：SAQ/SZL7-SG××-×××

主送：

存在问题的单位及地点：

检查时间： 年 月 日

存在问题及处理意见：

检查人员（签字）：

被通知单位（或部门、施工队）负责人（签字）：

被检查单位对存在问题的整改结果：

被检查单位（或部门、施工队）：

负责人（签字）：

申请复检日期：

整改验证结果及意见：

整改验证人（签字）：

复检确认日期：

注 隐患及问题、整改验证结果需留存照片作附件，一页不够可多页。

SAQ8：现场应急处置方案演练记录

现场应急处置方案演练记录

工程名称：   编号：SAQ8-SG××-×××

处置方案名称		起止时间	
演练类型		演练地点	
总指挥		参加人数	
参演单位			

演练目的、内容：

演练实施情况记录（可另附详细记录）：

预案演练效果评价：

存在问题及改进措施：

备注：

填写人：   填表日期：

C.4 质量管理部分

SZL1：施工质量验收及评定范围划分报审表

施工质量验收及评定报审表

工程名称：　　　　　　　　　　　　　　　编号：SZL1-SG××-×××

致　　　　　　　　监理项目部： 　　现报上　　　　　　　　　　工程施工质量验收及评定范围划分表，请审查。 　　附件： 　　1. 电杆基础检查及评级记录表 　　2. 混凝土电杆组立检查及评级记录表 　　3. 架空线路架线施工检查及评定记录 　　4. 附件安装施工检查及评级记录   　　　　　　　　　　　　　　　　　　施工项目部（章）： 　　　　　　　　　　　　　　　　　　项目经理： 　　　　　　　　　　　　　　　　　　日　　期：
监理项目部审查意见：   　　　　　　　　　　　　　　　　　　监理项目部（章）： 　　　　　　　　　　　　　　　　　　总监理工程师： 　　　　　　　　　　　　　　　　　　专业监理工程师： 　　　　　　　　　　　　　　　　　　日　　期：
业主项目部审批意见：   　　　　　　　　　　　　　　　　　　业主项目部（章）： 　　　　　　　　　　　　　　　　　　项目经理： 　　　　　　　　　　　　　　　　　　日　　期：

　　注　本表一式＿＿份，由施工项目部填报，业主项目部、监理项目部各＿＿份，施工项目部存＿＿份。

填写、使用说明

（1）施工项目部在工程开工前，应对承包范围内的工程进行单位、分部、分项、检验批施工质量验收及评定范围划分，并将划分表报监理项目部审查。

（2）监理项目部应结合各单位、分部、分项工程的施工特点，明确划分原则。

（3）专业监理工程师审查要点：

1）施工质量验收及评定项目划分是否准确、合理、全面。

2）三级验收责任是否落实。

（4）总监理工程师审查同意后，报业主项目部审批。

附件 1:

电杆基础检查及评级记录表

杆号		杆型		施工			年 月 日		
		杆高		检查			年 月 日		

序号	检查项目	性质	评级标准（允许偏差）		检查结果					
			合格	优良						
1	预制件规格、数量	关键	符合设计要求		符合设计要求					
2	预制件强度	关键	符合设计要求		符合设计要求					
3	拉环、拉棒规格数量	关键	符合设计要求		符合设计要求					
4	杆坑深度	关键	设计值： mm		左			右		
5	拉线盘规格	关键	设计值： mm		A	B	C	D	E	F
6	拉线坑深度	关键	设计值： mm							
7	根开	一般	设计值： mm							
8	拉线棒、拉线环中心在控线方向的偏移	一般	在拉线方向的前、后<1°，左、右<1%L		A	B	C	D	E	F
9	拉线棒外观	一般	无弯曲、锈蚀		无弯曲、锈蚀					
10	回填土	一般	无沉陷、防沉层、整齐美观		无沉陷、防沉层、整齐美观					
备注	L 为因焊接而造成分段或整根电杆弯曲的对应长度。						评级			

监理工程师：　　　　专职质检员：　　　　施工负责人：　　　　检查人：

附件2:

混凝土电杆组立检查及评级记录表

桩号		杆号		杆型		呼称高		施工日期	年 月 日
						杆全高		检查日期	年 月 日

序号	检查（检验）项目		性质	质量标准（允许偏差）		检查结果	评级
				合格	优良		
1	砼杆及拉线部件规格、数量		关键	符合设计要求		符合设计要求	
2	杆焊接质量		关键	符合设计要求	焊缝美观		
3	转角终端杆向受力反方向倾斜（‰）		关键	大于0，并符合设计要求	≤3	大于0，并符合设计要求	
4	导线不对称布置拉线点向受力反方向倾斜（‰H'）		关键	大于0，并符合 设计要求	≤3	大于0，并符合设计要求	
5	普通混凝土杆裂缝/mm	纵向	重要	不允许		无	
		横向		0.1	0.08		
6	结构倾斜（‰）		重要	3	2.4	1.8	
7	横担高差（‰）	110kV	重要	5	4	0	
		220～330kV		3.5	2.8		
		500kV		2	1.6		
8	螺栓与构件面接触及出扣		重要	符合设计要求	紧密一致	紧密一致	
9	螺栓防松和防盗		重要	符合设计要求	无遗漏，	无遗漏	
10	楔形、UT形线夹与拉线连接		重要	符合设计要求	尾线回头一致美观	尾线回头一致美观	

序号	检查（检验）项目		性质	质量标准（允许偏差）		检查结果	评级
				合格	优良		
11	拉线安装		重要	符合设计要求	受力一致，丝杆未露出部分＞1/2	受力一致，丝杆未露出部分＞1/2	
12	爬梯		一般	符合设计要求	牢固美观		
13	根开	110kV（mm）	一般	25	24		
		220～330kV（‰）		5	4		
		500kV（‰）		3	2.4		
14	迈步	110kV（mm）	一般	30	24		
		220～330kV（‰）		1	0.8		
		500kV（‰）		3	2		
15	横线路位移（mm）		一般	30	20	20	
16	螺栓紧固		一般	符合设计要求		符合规范要求	
17	螺栓穿向		一般	符合设计要求	一致美观	一致美观	
18	拉线杆坑回填土		一般	符合设计要求	无沉陷，防沉层整齐	无沉陷，防沉层整齐	
备注	H'为拉线点高度				评级		

监理工程师：　　专职质检员：　　施工负责人：　　检查人：

附件 3：

<h2 style="text-align:center">架空线路架线施工检查及评定记录</h2>

工程名称			耐张段	
施工日期	年 月 日		检查日期	年 月 日
工　序	检 查 项 目	性质	检查结果	质量评定
材料检查	线材型号及规格符合设计规定	主要	符合设计要求	
	外观检查完好无松股、交叉、折叠、断裂及破损	主要	符合要求	
	绝缘子型号、规格符合设计要求	主要	符合要求	
	绝缘子性能试验符合验收规范要求	重要	符合要求	
	瓷件表面检查瓷釉光滑清洁，无裂纹、铁釉、斑点、烧痕气泡及碰损	主要	符合要求	
架线检查	外观检查不应有磨伤、断股、金钩断头现象，发生损伤按规定处理	主要	完好	
	连续管压口尺寸及数量符合规范规定	重要	—	
	接头两端外形无灯笼抽筋现象	一般	—	
	连续管弯曲度≤2/100 管长	一般	—	
	连续管外观检查无裂纹	主要	—	
	挡内接头个数符合规定，且接头应距导线固定点 0.5m 以外	一般	—	
	导线弛度误差≤±5/100 设计值，水平排列导线同档内弛度误差≤50mm	一般	符合要求	
	导线紧好后，线上不应有树枝等杂物	一般	无遗留物	
	导线固定应牢固可靠符合规定	主要	牢固可靠	
	引流线（跨接线或弓子线）安装符合规定，不同材质连接应存可靠过渡	一般	符合规范	
	引流线与相邻带电设备的安装距离≥300mm，引流线与拉线的距离≥200mm	主要	符合设计要求	
	导线架设后，导线对线地及交叉物的距离应符合设计要求	主要	符合设计要求	

监理工程师：　　　专职质检员：　　　施工负责人：　　　　检查人：

附件 4：

附件安装施工检查及评级记录

设计杆桩号		杆型		绝缘子串型号	施工日期	年 月 日	
运行杆桩号					检验日期	年 月 日	

序号	检查（检验）项目	性质	评级标准（允许偏差）		检查结果	评级
			合格	优良		
1	金具规格、数量	关键	符合设计及 GB 50233－2014《110kV～750kV 架空输电线路施工及验收规范》要求		符合设计、规范要求	
2	跳线连扳及并沟线夹连接	关键	符合 GB 50233－2014 第 7.6.15 条规定	平整光滑	平整光滑	
3	开口销及弹簧销	关键	符合设计要求	齐全并开口	齐全并开口	
4	绝缘子的规格、数量	关键	符合 GB 50233－2014 要求		符合设计、规范要求	
5	跳线制作	重要	符合 GB 50233－2014 第 7.6.14 条规定	曲线平滑美观、无歪扭	曲线平滑美观、无歪扭	
6	铝包带缠绕	一般	符合 GB 50233－2014 第 7.6.9 条规定	统一美观	统一美观	
7	绝缘子大口销子、螺栓及弹簧销穿入方向	外观	符合 GB 50233－2014 第 7.6.7 条规定	穿向一致、整齐美观	穿向一致、整齐美观	
8	引流间距	重要	引流线与相邻带电设备的安装距离≥300mm，引流线与拉线的距离≥200mm	符合设计要求	符合设计、规范要求	
9	防震锤安装距离 mm	一般	设计值：			
			±30	±25		
备注：1. 耐张杆必须填写此表。 2. 门型直线杆若使用悬垂亦必须填写此表。					评级	

监理工程师：　　　　专职质检员：　　　　施工负责人：　　　　检查人：

SZL2：工程控制网测量/线路复测报审表

工程控制网测量/线路复测报审表

工程名称：   编号：SZL2-SG××-×××

致＿＿＿＿＿＿＿＿＿监理项目部：
现报上＿＿＿＿＿＿＿＿＿＿工程控制网测量/线路复测记录，请查验。 　　附件：工程控制网测量/线路复测记录   　　　　　　　　　　　　　　　　施工项目部（章）： 　　　　　　　　　　　　　　　　项目经理： 　　　　　　　　　　　　　　　　日　　　期：
专业监理工程师复核意见：   　　　　　　　　　　　　　　　　专业监理工程师： 　　　　　　　　　　　　　　　　日　　　期：
总监理工程师意见：   　　　　　　　　　　　　　　　　监理项目部（章）： 　　　　　　　　　　　　　　　　总监理工程师： 　　　　　　　　　　　　　　　　日　　　期：

　注　本表一式＿＿份，由施工项目部填报，业主项目部、监理项目部各＿＿份，施工项目部
　　　存＿＿份。

填写、使用说明

（1）施工项目部在工程开工前和施工过程中，应将工程控制网的测量/线路复测结果向监理项目部报审。

（2）专业监理工程师审查要点：

1）测量结果是否满足设计及规范要求。

2）数据记录是否准确。

SZL3：试验（检测）单位资质报审表

试验（检测）单位资质报审表

工程名称：　　　　　　　　　　　　　　　　　　编号：SZL3-SG××-×××

致＿＿＿＿＿＿＿＿＿＿＿＿＿＿＿＿＿＿＿监理项目部：

　　根据＿＿＿＿＿＿＿＿＿＿＿＿＿＿＿工程需要，经我公司审查，试验（检测）单位可提供材料（仪表）试验（检测），请予批准。

　　附件：1. 试验室的资质等级及其试验范围

　　　　　2. 法定计量部门对试验设备出具的计量检定证明

　　　　　3. 本工程的试验项目及其要求

　　　　　4. 实验室管理制度

　　　　　5. 试验人员资质

施工项目部（章）：

项目经理：

日　　期：

监理项目部审查意见：

监理项目部（章）：

专业监理工程师：

总监理工程师：

日　　期：

　　注　本表一式＿＿份，由施工项目部填报，监理项目部＿＿份，施工项目部存＿＿份。

填写、使用说明

（1）施工单位在工程开工前，应将采用的施工单位的试验室资质向监理部进行报审。附本工程的试验项目及其要求，拟委托试验室的资质等级及其试验范围、法定计量部门对该试验室试验设备出具的计量检定证明、试验室管理制度、试验人员的资格证书。

（2）施工单位的试验室是指施工单位自有的试验室或委托的试验室。

（3）监理项目部审查要点：

1）拟委托的试验单位资质等级是否符合业主项目部的要求，是否通过计量认证。

2）试验资质范围是否包括拟委托试验的项目。

3）试验设备计量检定证明。

4）试验人员资质是否符合要求。

SZL4：乙供工程材料/构配件/设备进场报审表

乙供工程材料/构配件/设备进场报审表

工程名称： 编号：SZL4-SG××-×××

致_____监理项目部：
我方于_____年___月___日进场的_____工程材料/构配件/设备数量如下（见附件），经自检合格，现将出厂质量证明文件报上，拟用于下述部位：
请予以审核。
附件：1. 数量清单
2. 质量证明文件、资质文件
3. 自检结果
4. 复试报告
施工项目部（章）：
项目经理：
日　　期：
监理项目部审查意见：
监理项目部（章）：
总/专业监理工程师：
日　　期：

　　注　本表一式___份，由施工项目部填报，监理项目部___份，施工项目部存___份。

填写、使用说明

（1）本表式用于乙供工程的材料、构配件、设备的质量通用报审。使用时，表头不做修改，填写内容中将材料/构配件/设备任选一，其他删除不写。

（2）质量证明文件一般包括产品出厂合格证、检验、试验报告等。

（3）监理项目部除进行文件审查外，还应对实物质量进行验收。

（4）对于有复试要求的材料或构配件，施工项目部应在材料或构配件进场，将有关质量证明文件报监理项目部审查合格后，按有关规定，在现场经监理工程师见证，进行取样送试，并在试验合格后将试验报告报监理项目部查验。

（5）监理项目部审查或验收不合格，应要求施工项目部立即将不合格产品清出工地现场。

（6）为方便查阅及归档，在报审表标号上同一个批次的水泥报审表流水号采用同一个，3 天及 28 天复试报告在流水号后采用 A、B 区分，3 天为 A，28 天为 B。例如：同一批次水泥 3 天复试报告报审表标号为 SZL4-SG03-水泥-003A，28 天报复试报告报审表标号为 SZL4-SG03-水泥-003B。

SZL5：产品检验记录

产 品 检 验 记 录

项目部名称：   编号：SZL5-SG××-×××

检验单位		工程名称			合同号			检验地点	
检验依据			生产厂家				供货单位		
序号	物资名称	规格型号	计量单位	进货数量	抽样比率或数量	到货日期	合格证及质量文件	包装形式	

注　由施工项目部填报，施工项目部存＿＿份。

SZL6：试品/试件试验报告报验表

试品/试件试验报告报验表

工程名称：   编号：SZL6-SG××-××-×××

| 致_____监理项目部： |
| 试品/试件经试验单位试验，现报上试验报告，请查验。 |
| 附件：试品/试件试验报告单 |
| |
| |
| |
| |
| |
| |
| |
| |
| 施工项目部（章）： |
| 项目经理： |
| 日   期： |
| 监理项目部审查意见： |
| |
| |
| |
| |
| |
| |
| |
| |
| 监理项目部（章）： |
| 专业监理工程师： |
| 日   期： |

注 本表一式___份，由施工项目部填报，监理项目部各___份，施工项目部存___份。

填写、使用说明

（1）施工项目部按规定在监理人员的见证下，对混凝土浇筑、钢筋焊接、导线压接等进行取样，送经认可的试验室试验后，将试验报告报监理项目部查验。

（2）监理项目部审查要点：

1）试验结果是否合格或满足设计要求。

2）试验报告版面质量是否符合归档要求。

3）试件所代表的施工质量是否合格或是否同意施工。

SZL7：主要测量计量器具/试验设备检验报审表

主要测量计量器具/试验设备检验报审表

工程名称：　　　　　　　　　　　　　　　　　编号：SZL7-SG××-×××

致　　　　　　　　　　　　　监理项目部：

　　现报上拟用于　　　　　　　　　　　　　工程的主要测量、计量器具、试验设备及其检验证明，请查验。工程进行中如有调整，将重新统计并上报。

　　附件：测量、计量器具及试验设备检验证明复印件

施工项目部（章）：

项目经理：

日　　期：

器具名称	编号	检验证编号	检验单位	有效期

监理项目部审查意见：

监理项目部（章）：

专业监理工程师：

日　　期：

注　本表一式＿＿份，由施工项目部填报，监理项目部＿＿份，施工项目部存＿＿＿份。

SZL8：公司级专检申请表

公司级专检申请表

工程名称		施工地点	
施工单位		施工日期	

一、工程简况

简述本工程开竣工时间，工程规模及工程量。

二、验收范围

列出本工程需验收的单位（分部）工程名称，共个单位（分部）工程。

三、单位、分部、分项工程的质量验收情况

简述本工程需验收的单位（分部）、分项工程数量，质量合格率。

四、工程资料情况

五、实物抽检情况及结果

（附项目级检查记录）

六、存在的问题及整改情况

（附工程质量问题处理单）

验收结论及申请验收时间：

经项目部复检，工程单位（分部）工程质量符合设计要求，达到验收规范标准，工程资料齐全、填写正确、完整，申请公司于××年××月××日进行专检（本结论为参考填写示例）。

施工项目部（盖章）：

项目经理：

年　月　日

填写、使用说明

（1）此表为施工项目申请公司级专检复检用。

（2）项目级检查记录应涵盖相应的施工质量检验及评定规程中有关检查评级记录表中的所有项目。

（3）本表为推荐用表，不做强制性要求，如各施工单位内部质量管理体系中有要求时，可以采用体系用表。

公司级专检报告

编号：SZL9-SG××-×××

（阶段）

项目名称：工程

（施工单位公章）

_____年__月

一、公司级专检简况			
项目名称		阶段	
时间			
检查依据			
检查项目（抽检的各检验批部位）			
公司级专检组织及程序			
公司级专检过程总体描述			

二、工程概况			
本期规模		远景规模	
建设单位		建设管理单位	
监理单位		设计单位	
施工单位			
主要工程形象进度			

三、综合评价	
主要技术资料核查	
工程重点抽查	

四、限期整改项目

五、主要改进建议

六、结论
公司级专检负责人（签名）　　　　　年　月　日
七、公司级专检成员名单

序号	姓名	专业	职务/职称	参加小组

C.5 造价管理部分

SZJ1：工程预付款报审表

工程预付款报审表

工程名称：   编号：SZJ1-SG××-×××

致_____业主项目部：   我单位已与_____工程建设管理单位签订施工承包合同，且已提供了履约保函，现申请支付预付款___元，其中安全文明施工费___元，请审核。   施工项目部（章）： 项目经理： 日　　期：
监理项目部审查意见：   监理项目部（章）： 总监理工程师： 专业监理工程师： 日　　期：
业主项目部审批意见：   业主项目部（章）： 项目经理： 日　　期：

注　本表一式___份，由施工项目部填报，监理项目部各___份，施工项目部存___份。

SZJ2：索赔申请表

索 赔 申 请 表

工程名称：   编号：SZJ2-SG××-×××

致＿＿＿＿＿＿＿＿＿＿＿＿＿监理项目部： 　　根据施工合同条款条的规定，由于＿＿＿＿＿＿＿原因，我方要求索赔金额（大写）， 请审批。 　　附件：1. 索赔的详细理由及经过说明 　　　　　2. 索赔金额计算书 　　　　　3. 证明材料   　　　　　　　　　　　　　　　　　　　　施工单位（章）： 　　　　　　　　　　　　　　　　　　　　项目经理： 　　　　　　　　　　　　　　　　　　　　日　　期：
监理项目部审查意见：   　　　　　　　　　　　　　　　　　　　　监理项目部（章）： 　　　　　　　　　　　　　　　　　　　　总监理工程师： 　　　　　　　　　　　　　　　　　　　　专业监理工程师： 　　　　　　　　　　　　　　　　　　　　日　　期：
业主项目部审批意见：   　　　　　　　　　　　　　　　　　　　　业主项目部（章）： 　　　　　　　　　　　　　　　　　　　　项目经理： 　　　　　　　　　　　　　　　　　　　　日　　期：
建设管理单位审批意见：   　　　　　　　　　　　　　　　　　　　　建设管理单位（章）： 　　　　　　　　　　　　　　　　　　　　分管领导： 　　　　　　　　　　　　　　　　　　　　日　　期：

注　本表一式＿＿份，由施工项目部填报，监理项目部各＿＿份，施工项目部存＿＿份。

SZJ3：工程进度款报审表

工程进度款报审表

工程名称：　　　　　　　　　　　　　　　　　　编号：SZJ3-SG××-×××

致　　　　　　　　　　　　　　　　　业主项目部： 　　我项目部于　　　年　　月　　日至　　　年　　月　　日共完成合同价款　　元，按合同规定扣除　　%预付款和　　%质量保证金，特申请支付进度款　　元，请予审核。 　　其中：安全文明施工费本月完成　　元，累计完成　　元，完成总额的　　%。 　　附件：施工工程完成情况月报   　　　　　　　　　　　　　　　　　　　施工项目部（章）： 　　　　　　　　　　　　　　　　　　　项目经理： 　　　　　　　　　　　　　　　　　　　日　　期：
监理项目部审核意见：   　　　　　　　　　　　　　　　　　　　监理项目部（章）： 　　　　　　　　　　　　　　　　　　　总监理工程师： 　　　　　　　　　　　　　　　　　　　专业监理工程师： 　　　　　　　　　　　　　　　　　　　日　　期：
业主项目部审批意见：   　　　　　　　　　　　　　　　　　　　业主项目部（章）： 　　　　　　　　　　　　　　　　　　　项目经理： 　　　　　　　　　　　　　　　　　　　日　　期：

注　1. 本表一式　　份，由施工项目部填报，业主项目部、施工项目部各　　份，监理项目部存　　份。

　　2. 每月15日前，由施工项目部填报，监理单位审查，报业主项目部审批，列入下月资金计划。

SZJ4：设计变更联系单

设计变更联系单

工程名称：   编号：SZJ4-SG××-×××

致（设计单位）：

    由于_____

_____

    原因，兹提出等设计变更建议，请予以审核。

    附件：设计变更建议或方案（A4纸，5号宋体）

负责人：（签字）

提出单位：（盖　章）

日期：   年   月   日

注　1. 编号由监理项目部统一编制，作为设计变更联系单的唯一通用表单。

    2. 本表仅用于向设计单位提出非设计原因引起的设计变更，作为设计变更审批单、重大设计变更审批单的附件。

    3. 本表一式___份（施工、设计、监理、业主项目部各___份，建设管理单位存档___份）。

SZJ5：设计变更审批单

设计变更审批单

工程名称：   编号：SZJ5-SG××-×××

致_____监理项目部）：	

变更事由：
 	
变更费用：
 	
附件：1. 设计变更建议或方案
       2. 设计变更费用计算书
       3. 设计变更联系单（如有）
      ……
 	
                                  设　总：____（签　字）
                             设计单位：____（盖　章）
                             日　期：____年___月___日	

监理单位意见 总监理工程师：（签字并盖项目部章） 日　期：_____年___月___日	施工单位意见 项目经理：（签字并盖项目部章） 日　期：_____年___月___日
业主项目部审核意见 专业审核意见： 项目经理：（签字） 日　期：_____年___月___日	建设管理单位审批意见 建设（技术）审核意见： 技经审核意见： 部门主管领导：（签字并盖部门章） 日　期：_____年___月___日

注　1. 编号由监理项目部统一编制，作为审批设计变更的唯一通用表单。

     2. 本表一式___份（施工、设计、监理、业主项目部各___份，建设管理单位存档___份）。

SZJ6：现场签证审批单

现场签证审批单

工程名称：　　　　　　　　　　　　　　　编号：SZJ6-SG××-×××

致　　　　　　　　　　　　　　　（监理项目部）： 　　签证事由： 　　签证费用： 　　附件：1. 现场签证方案 　　　　　2. 签证费用计算书 　　…… 　　　　　　　　　　　　　　　项目经理：　　　　（签　字） 　　　　　　　　　　　　　　　施工单位：　　　　（盖　章） 　　　　　　　　　　　　　　　日　　期：　　　　年　　月　　日	
监理单位意见 总监理工程师：（签字并盖项目部章） 日　期：　　　　年　　月　　日	设计单位意见 设　总：（签字并盖项目部章） 日　期：　　　　年　　月　　日
业主项目部审核意见 专业审核意见： 项目经理：（签字） 日　期：　　　　年　　月　　日	建设管理单位审批意见 建设（技术）审核意见： 技经审核意见： 部门主管领导：（签字并盖部门章） 日　期：　　　　年　　月　　日

注 1. 编号由监理项目部统一编制，作为审批现场签证的唯一通用表单。

　　2. 本表一式___份（施工、设计、监理、业主项目部各___份，建设管理单位存档___份）。

C.6 技术管理部分

SJS1：交底记录

交 底 记 录

工程名称：   编号：SJS1-SG××-×××

项目名称		交底单位	
交底主持人签名		交底日期	
交底级别		□公司级　　□项目部级　　□施工队级	
接受交底人签名：			
交底作业项目：			
主要交底内容：			
交底人签名			

注　1. 本表适用于技术、安全、质量等交底，主要交底内容栏体现具体的交底内容。

　　2. 本表由交底人填写。

　　3. 本表涉及被交底单位各留存一份。

SJS2：图纸预检记录

图 纸 预 检 记 录

图纸名称			
审核人		审核日期	

注　本表参加施工图会检时，提交给监理项目部。

SJS3：一般/特殊（专项）施工技术方案（措施）报审表

一般/特殊（专项）施工技术方案（措施）报审表

工程名称：   编　号：SJS3-SG××-×××

致＿＿＿＿＿＿＿＿＿＿＿监理项目部：
现报上＿＿＿＿＿＿＿＿＿＿＿工程一般/特殊（专项）施工技术方案（措施），请审查。 附件：一般/工程特殊（专项）施工技术方案（措施） 专家论证报告（如有）   　　　　　　　　　　　　　施工项目部（章）： 　　　　　　　　　　　　　项目经理： 　　　　　　　　　　　　　日　期：
监理项目部审查意见：   　　　　　　　　　　　　　监理项目部（章）： 　　　　　　　　　　　　　总监理工程师： 　　　　　　　　　　　　　专业监理工程师： 　　　　　　　　　　　　　日　期：
特殊施工方案审批栏
业主项目部审批意见：   　　　　　　　　　　　　　业主项目部（章）： 　　　　　　　　　　　　　项目经理： 　　　　　　　　　　　　　日　期：

注　本表一式＿＿份，由施工项目部填报，业主项目部、监理项目部、施工项目部各存＿＿份。

填写、使用说明

（1）此表用于一般及特殊施工方案的报审。

（2）施工项目部在分部工程动工前，应编制该分部工程主要施工工序的施工方案（措施、作业指导书），并报监理项目部审查，文件的编、审、批人员应符合国家、行业规程规范和国家电网公司规章制度要求。

（3）专业监理工程师审查要点：

1）文件的内容是否完整、编制质量好坏。

2）该施工方案（措施、作业指导书）制定的施工工艺流程是否合理，施工方法是否得当、先进，是否有利于保证工程质量、安全、进度。

3）安全危险点分析或危险源辨识、环境因素识别是否准确、全面，应对措施是否有效。

4）质量保证措施是否有效，针对性是否强，工程创优措施是否落实。

5）对于特殊（专项）施工方案，还须审查施工单位是否根据论证报告已修改完善专项方案。

（4）特殊（专项）施工方案按《国家电网公司基建安全管理》的规定履行编审批后，还需将此表报业主项目部审批。

SJS4：设计变更执行报验单

设计变更执行报验单

工程名称：　　　　　　　　　　　　　　　　　　编号：SJS4-SG××-×××

致　　　　　　　　　　　　　　　监理项目部： 　　我方已完成号设计变更审批单全部内容的施工，请予以查验。详细情况说明如下：   　　　　　　　　　　　　　　　　　　施工项目部（章）： 　　　　　　　　　　　　　　　　　　项目经理： 　　　　　　　　　　　　　　　　　　日　　期：
监理项目部审查意见：   　　　　　　　　　　　　　　　　　　监理项目部（章）： 　　　　　　　　　　　　　　　　　　总监理工程师： 　　　　　　　　　　　　　　　　　　专业监理工程师： 　　　　　　　　　　　　　　　　　　日　　期：

注　本表一式＿＿份，由施工项目部填报，监理项目部存＿＿份，施工项目部存＿＿份。

填写、使用说明

（1）施工项目部在完成设计变更通知单所列的施工内容后，应报监理项目部查验。

（2）施工项目部应将设计变更通知单涉及的施工部位、施工内容和引起的工程量的变化做详细说明。

（3）监理项目部审查确认设计变更通知单涉及的工程量全部完成，并经监理项目部验收合格后，签署意见。

附录 D 10kV 及以下配电网工程
项目文件归档清单

10kV 及以下配电网工程项目文件归档清单

分类名称	归档文件材料内容	立卷责任单位	保管期限
一、工程管理文件			
01 前期管理文件	1. 项目的可研报告和批复文件	建设管理单位	永久
	2. 省（市）公司下达的投资（调整）计划及项目明细表	建设管理单位	
02 合同	1. 勘察、设计合同、中标通知书	建设管理单位	永久
	2. 施工合同、中标通知书	建设管理单位	
	3. 监理合同、中标通知书	建设管理单位	
	4. 物资合同汇总清单及合同	物资部门（物资部门单独留档）	
	5. 安全协议、投标文件及法人授权委托书	建设管理单位	
	6. 其他合同、协议		
03 设计文件	1. 初步设计审查意见及初步设计图纸、说明书、材料表	设计单位	永久
	2. 项目概算书 附：编制、审核人员资格证	设计单位	
	3. 项目预算书 附：编制、审核人员资格证	设计单位	
	4. 设计变更工作联系单	设计单位	
	5. 设计变更审批单	设计单位	
	6. 设计变更报验单	设计单位	
	7. 配网工程拆旧物资回收计划	设计单位	

分类名称	归档文件材料内容	立卷责任单位	保管期限
04 施工管理文件	1. 施工项目部成立发文	施工单位	长期
	2. 项目管理实施规划报审表 附：项目管理实施规划	施工单位	
	3. 一般及特殊施工方案（措施）报审表 附：工程施工方案（措施）、作业指导书	施工单位	
	4. 施工应急预案报审表 附：施工应急预案	施工单位	
	5. 施工管理人员资质报审表 附：资格证书（项目经理、质量监管、安全管理人员等）	施工单位	
	6. 施工进度计划报审表 附：施工进度计划	施工单位	
	7. 施工单位资格报审表 附：营业执照、资质证书、安全资格证书	施工单位	
	8. 试验（检测）单位资质报审表 附：资质证书、试验设备检定证明、试验人员资格证书	施工单位	
	9. 主要材料、构配件及设备供货商资质报审表 附：资质证书	施工单位	
	10. 特殊工种／特殊作业人员报审表 附：资质证书	施工单位	
	11. 主要测量、计量器具检验报审表 附：检验证明	施工单位	
	12. 主要施工机械／工器具／安全用具报审表 附：检验证明	施工单位	
	13. 大中型施工机械进场/出场申报表	施工单位	
二、工程施工文件			
施工文件	1. 工程开工报审表及开工报告 附：安全措施、组织措施、技术措施	施工单位	长期
	2. 线路复测报审表 附：线路复测记录（工程定位测量记录）	施工单位	

分类名称	归档文件材料内容	立卷责任单位	保管期限
施工文件	3. 乙供工程材料/构配件/设备进场报审表 附：（1）数量清单； （2）出厂质量证明文件（合格证、检验报告）。 包括：混凝土、钢材、水泥、砂石、砌块等	施工单位	
	4. 甲供主要设备（材料/构配件）开箱申请表 附：（1）拟开箱检查的材料清单； （2）开箱检查记录（要有资料员签字）； （3）交货清单（装箱单）、产品合格证、出厂试验报告、说明书（主要设备）、出厂图纸（主要设备）等。包括：钢管杆、混凝土杆、导线、地线、绝缘子、金具、接地线夹、电缆、卡具、支架、封堵、管、电缆头、光缆及附件、环网柜、开关柜、开关及断路器、变压器、保护自动化装置、通信装置等	施工单位	
	5. 设备材料试验检测报告	施工单位	
	6. 施工记录		
	（1）线路架空部分		
	杆基础施工检查及评级记录	施工单位	
	杆组立施工检查及评级记录	施工单位	
	架线施工检查及评级记录（展放、压接、紧线、附件安装、交叉跨越等）	施工单位	
	接地施工检查记录	施工单位	
	隐蔽工程检查验收记录	施工单位	
	（2）线路电缆部分		
	电缆敷设记录	施工单位	
	隐蔽工程检查验收记录	施工单位	
	（3）公用变电站间隔、开闭站、配电室、配电变压器、充电站（桩）等部分		
	各施工检验及安装调整记录（含土建及电气安装等）	施工单位	

分类名称	归档文件材料内容	立卷责任单位	保管期限
施工文件	调试报告	施工单位	
	隐蔽工程检查验收记录	施工单位	
	（4）其他部分，参照上述执行		
	（5）单位、分部、分项工程施工质量验收评定记录	施工单位	
三、监理文件			
监理文件	1. 项目监理部成立文件、总监、监理工程师任命书	监理单位	长期
	2. 监理人员资格证书	监理单位	
	3. 监理规划及报审表	监理单位	
	4. 设计技术交底会议纪要 附：参会人员名单	监理单位	
	5. 施工图纸会审会议纪要 附：参会人员名单	监理单位	
	6. 重要施工技术交底会、施工协调会、安全、质量、工艺重点要求等会议纪要 附：参会人员名单	监理单位	
	7. 监理旁站记录、安全旁站监理记录、监理日志	监理单位	
	8. 工程质量评估报告	监理单位	
	9. 监理工作联系单、通知书及整改回执	监理单位	
四、工程竣工文件			
01竣工投产资料移交等文件	1. 配网工程退运设备鉴定表	建设管理单位	永久
	2. 工程物资退库单	施工单位	
	3. 征占地、道路挖掘、林木砍伐、青苗赔偿、房屋拆迁等补偿协议等相关手续	建设管理单位（财务部门单独留档）	
	4. 跨越铁路、军事设施等协议	建设管理单位	
	5. 质量专检申请表 附：专检报告	施工单位	

分类名称	归档文件材料内容	立卷责任单位	保管期限
01 竣工投产资料移交等文件	6. 中间验收申请表 附：专检报告	施工单位	
	7. 自检报告	施工单位	
	8. 工程竣工验收申请表	施工单位	
	9. 竣工验收报告	建设管理单位	
	10. 竣工报告	建设管理单位	
	11. 投运批准书	建设管理单位	
	12. 工程项目结算书	施工单位	
	13. 结算报告	建设管理单位	
	14. 结算审计报告	建设管理单位	
	15. 竣工图	设计单位	
02 声像材料	工程项目建设期间形成的照片和影像资料	施工、监理、建设管理单位（建设管理单独留档）	永久